◐◑ 知識繪本館

科學不思議 ❸ 好想去月球

作繪者｜松岡徹
譯者｜李佳霖
審訂｜胡佳伶

責任編輯｜戴淳雅
美術設計｜林晴子
行銷企劃｜陳詩茵、劉盈萱

天下雜誌群創辦人｜殷允芃
董事長兼執行長｜何琦瑜
兒童產品事業群
副總經理｜林彥傑
總監｜林欣靜
版權專員｜何晨瑋、黃微真

出版者｜親子天下股份有限公司
地址｜臺北市 104 建國北路一段 96 號 4 樓
電話｜（02）2509-2800 傳真｜（02）2509-2462
網址｜www.parenting.com.tw
讀者服務專線｜（02）2662-0332 週一～週五 09:00-17:30
讀者服務傳真｜（02）2662-6048
客服信箱｜bill@cw.com.tw
法律顧問｜台英國際商務法律事務所‧羅明通律師
製版印刷｜中原造像股份有限公司
總經銷｜大和圖書有限公司 電話（02）8990-2588

出版日期｜2019 年 6 月第一版第一次印行
　　　　　2021 年 11 月第一版第六次印行
定價｜320 元
書號｜BKKKC120P
ISBN｜978-957-503-394-1（精裝）

訂購服務
親子天下 Shopping｜shopping.parenting.com.tw
海外‧大量訂購｜parenting@cw.com.tw
書香花園｜臺北市建國北路二段 6 巷 11 號 電話（02）2506-1635
劃撥帳號｜50331356 親子天下股份有限公司

立即購買 >

好想去月球

科學不思議 3

文・圖／松岡徹　譯／李佳霖

審訂／胡佳伶 臺北市立天文科學教育館解說員

怎麼做才能登上遙遠的月球呢？

划(ㄏㄨㄚˊ)船(ㄔㄨㄢˊ)去(ㄑㄩˋ)月(ㄩㄝˋ)球(ㄑㄧㄡˊ)……

月球跑上天了。

爬ㄆㄚˊ山ㄕㄢ、

造一座塔、

攀上一朵
又一朵的雲、

飛上天空……

月球比我們想像的
要遠很多很多。
必須要 3 億個小學生
頭和腳相連才能夠到達。

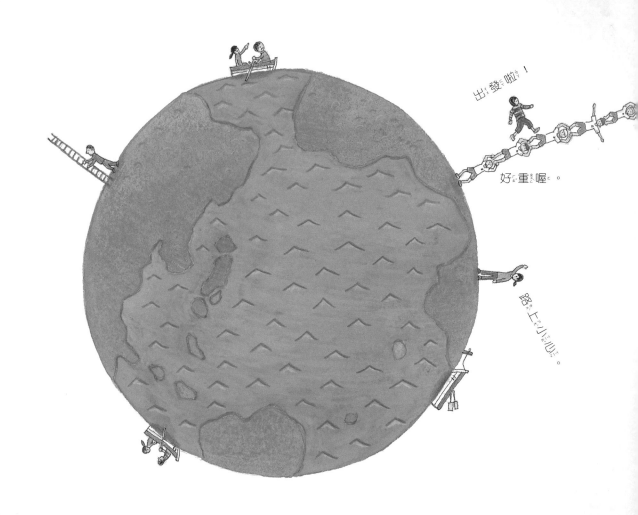

出發啦！

好重喔。

路上小心。

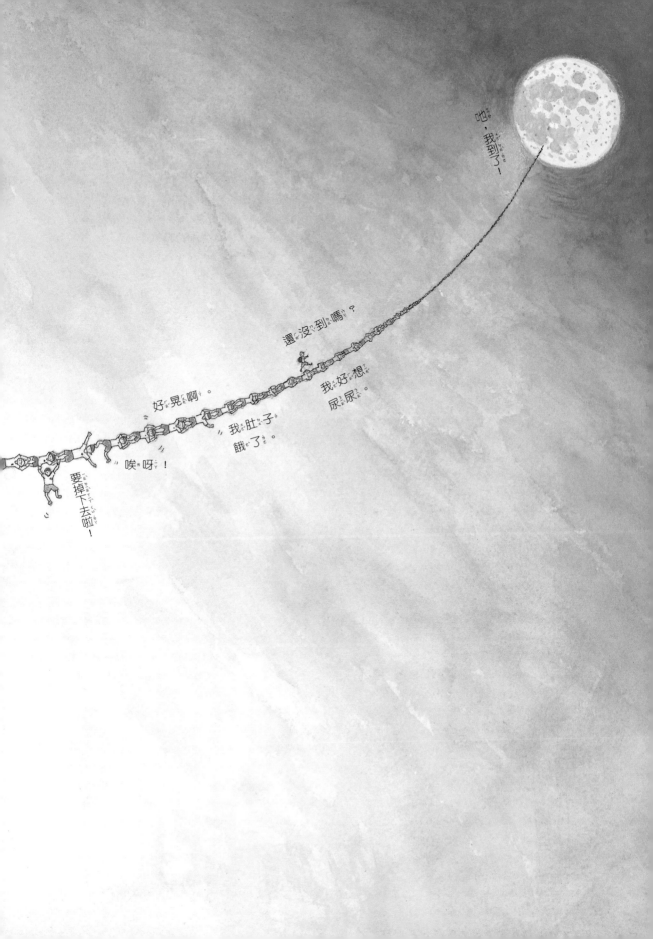

如果用爬螺旋梯的速度，
慢慢的到達月球，
必須花 100 年。
用雲霄飛車的速度前進，
則需要 3 個月。搭高鐵
也要 55 天才能到！

爬梯
大約
60 年。

搭纜車的話
得花 2 年。

美合公寓

用彈簧
彈上月球？

用巨大吸塵器
把月球吸過來。

攀爬從月球垂下的繩子，需要120年。

月球離我們近嗎？

如果用光速前進，只要短短的1.3秒就可以抵達月球。

假如想搭電梯上月球，需要一一年。

前往月球的電梯 施工中

跳彈簧床登月？

拜託月亮公主帶我們跟她一起回月球。

開車的話得花5個月。

搭飛船需要
5個月。

坐熱氣球
得花2年半。

線不
夠長！

搭乘噴射機
需要 15 天。

如果是戰鬥機，
6 天就能到達。

搭飛機比較快，
讓我們坐上飛機，
出發嘍！

螺旋槳飛機
則要 30 天。

月球號

奇怪，怎麼無法飛離地球？

飛機不斷繞著地球轉……

難道飛機到不了月球嗎？

現在已經飛到很高的地方了！

太空中幾乎沒有空氣，該怎麼辦呢？

就算是大型的噴射機也沒辦法。

無論引擎再怎麼強，飛機都飛不上月球。因為再往上飛，空氣就變得稀薄了。

看來光是運用飛機的力量，是無法飛到月球的。

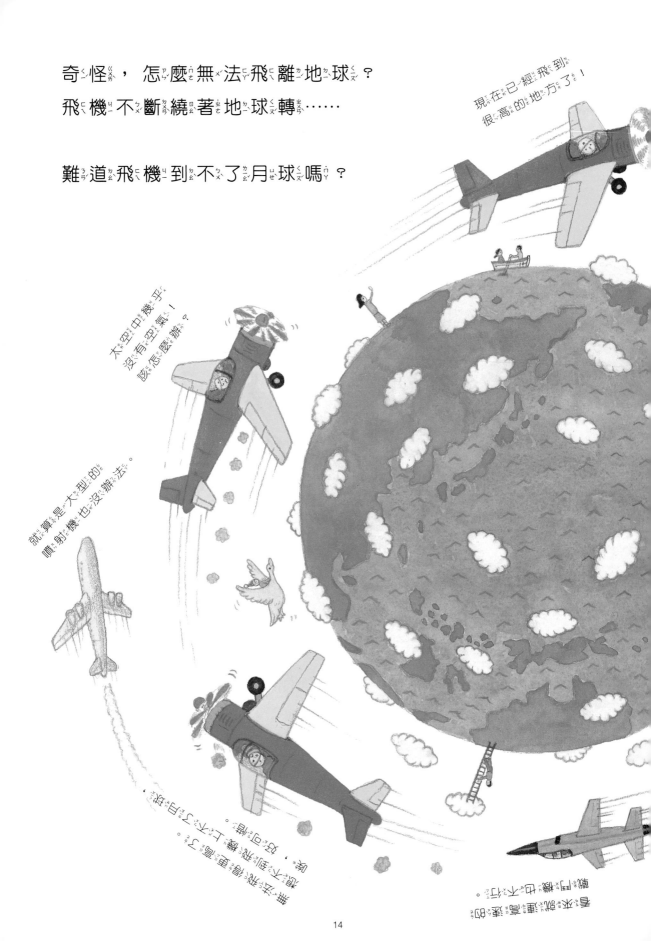

怎麼回事？飛機飛不動了！

推進器壞掉了，趕快逃生！

很遺憾，飛機沒辦法到達月球。飛機只能在有空氣的地方飛，所以才會一直繞著地球轉，飛離不了地球。

飛機必須用空氣中的氧氣來燃燒燃料，而且機翼必須乘著空氣才能不斷的往上飛。因此，飛機最高只能飛到空氣依舊充足、距離地表30公里的高空。而且地球的重力每分每秒都在將我們身邊的東西往地面拉，這也使飛機無法飛離地球。

要登上月球，就需要特別設計的交通工具。它必須在沒有空氣的地方也能前進，還要具有強大的動力和極高的速度來擺脫地球的重力。

所以才會有火箭和太空船！

火箭可以用每秒 11.2 公里的速度前進，幫助太空船擺脫地球的重力並且飛向月球。

火箭的內部主要存放燃料，以及燃燒燃料需要的氧氣。燃燒燃料所產生的氣體會從火箭尾端高速噴出，太空船就是利用這股反作用力，在幾乎沒有空氣的宇宙中前進。

如果你想在月球住上一晚，搭乘火箭和太空船只需要 8 天就可以往返地球和月球。

登月火箭重量大約 2900 噸，高度達 110.6 公尺，直徑則是 10.1 公尺——光是運載 3 個人和他們的行李，就需要將近 36 層樓高的巨大火箭了！

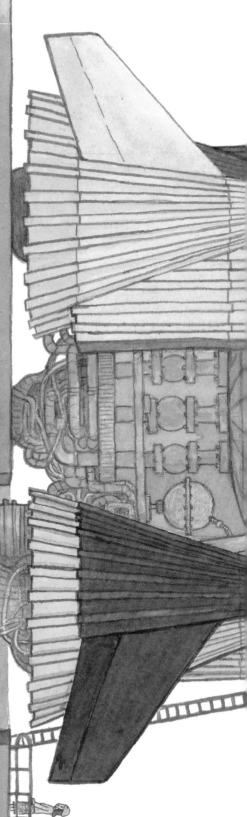

發射架

發射架可以在裝載火箭的狀態下移動。

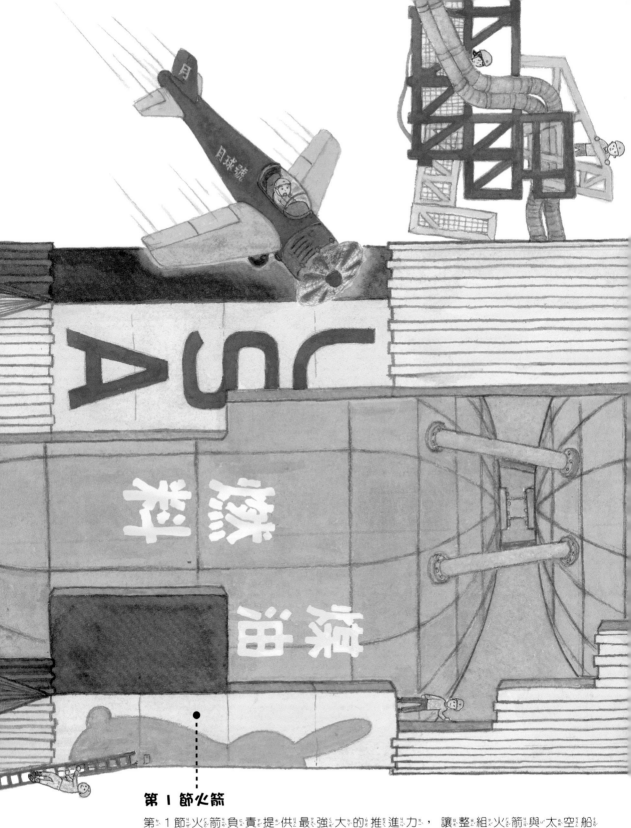

第 1 節火箭

第 1 節火箭負責提供最強大的推進力， 讓整組火箭與太空船能夠抵抗地球重力， 飛到距離地表 60 公里的地方。

火箭高速飛行時會與地表空氣摩擦， 產生熱能。 一開始速度太快的話， 火箭在達到目標高度前就會燃燒殆盡， 所以在空氣濃度高的地方， 火箭的速度還無法快到可以飛離地球。

燃料與氧氣

登月火箭使用的燃料是氫氣，還需要氧氣來燃燒燃料。 氫氣和氧氣在氣體的狀態下會相當占空間，無法大量存放。所以必須將氫氣和氧氣分別降溫到 -253℃ 以及 -183℃ ，使它們變成液體後再注入燃料箱裡。 不過在注入燃料箱的過程中，無法避免溫度上升，這樣一來好不容易變成液體的燃料又會有一部分恢復成氣體。 於是為了盡可能的多注入燃料，會等到火箭發射前才開始注入，一直持續注入到即將發射為止。 （由於第 1 節火箭需要最強大的推進力，所以它所使用的燃料並非液體氫氣而是煤油。）

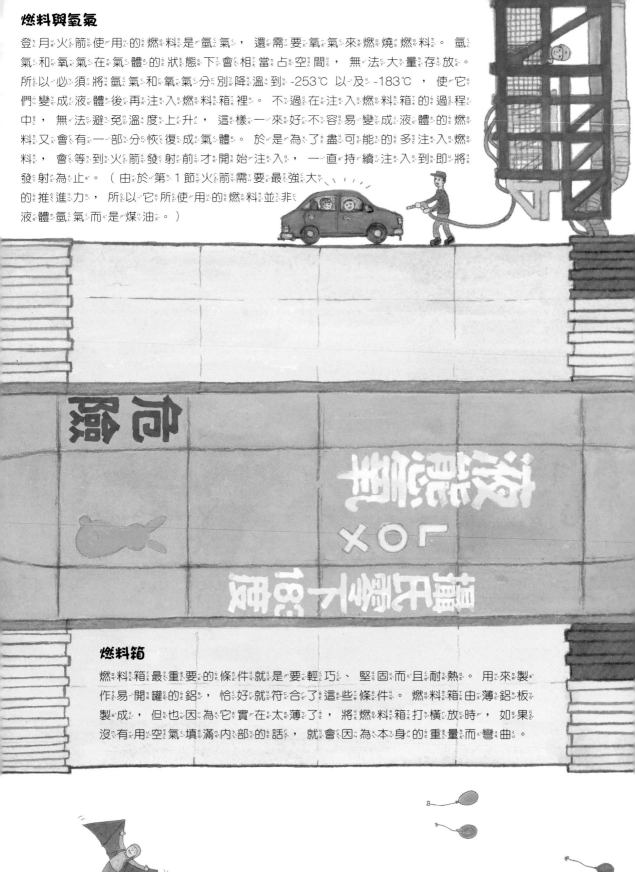

燃料箱

燃料箱最重要的條件就是要輕巧、堅固而且耐熱。 用來製作易開罐的鋁，恰好就符合了這些條件。 燃料箱由薄鋁板製成，但也因為它實在太薄了，將燃料箱打橫放時，如果沒有用空氣填滿內部的話，就會因為本身的重量而彎曲。

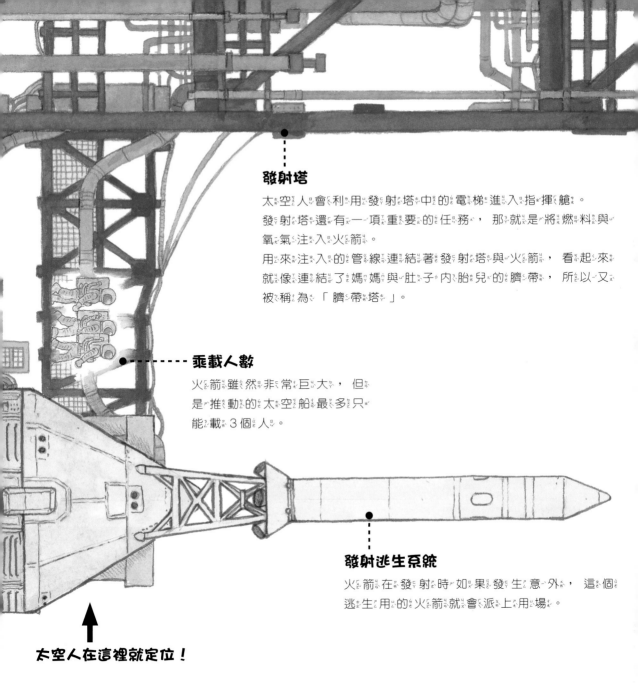

發射塔

太空人會利用發射塔中的電梯進入指揮艙。
發射塔還有一項重要的任務，那就是將燃料與氧氣注入火箭。
用來注入的管線連結著發射塔與火箭，看起來就像連結了媽媽與肚子內胎兒的臍帶，所以又被稱為「臍帶塔」。

乘載人數

火箭雖然非常巨大，但是推動的太空船最多只能載 3 個人。

太空人在這裡就定位！

發射逃生系統

火箭在發射時如果發生意外，這個逃生用的火箭就會派上用場。

指揮艙

太空人從出發到返回地球的 8 天之中，除了在月球上探索的時間外，其他時間都待在這裡。最後，火箭連同太空船的其他部分都會被捨棄，只有指揮艙會回到地球。

指揮艙內部

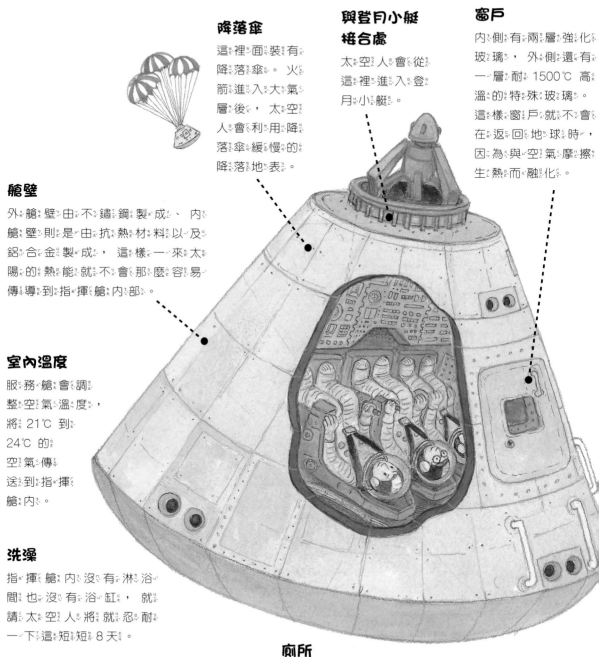

降落傘

這裡面裝有降落傘。火箭進入大氣層後，太空人會利用降落傘緩慢的降落地表。

與登月小艇接合處

太空人會從這裡進入登月小艇。

窗戶

內側有兩層強化玻璃，外側還有一層耐 1500℃ 高溫的特殊玻璃。這樣窗戶就不會在返回地球時，因為與空氣摩擦生熱而融化。

艙壁

外艙壁由不鏽鋼製成、內艙壁則是由抗熱材料以及鋁合金製成，這樣一來太陽的熱能就不會那麼容易傳導到指揮艙內部。

室內溫度

服務艙會調整空氣溫度，將 21℃ 到 24℃ 的空氣傳送到指揮艙內。

洗澡

指揮艙內沒有淋浴間也沒有浴缸，就請太空人將就忍耐一下這短短 8 天。

床

指揮艙內也沒有床。將艙內的座椅折疊起來後就有睡覺的空間，太空人就在那裡鋪睡袋睡覺。

廁所

小便會經過特殊的過濾裝置轉換成飲用水。大便則是經過乾燥後再帶回地球。好像曾經有太空人試著將小便排到太空中，小便排出去後就遇冷結凍了，閃閃發光的在宇宙中飄蕩。

指揮艙內部被 8 天份的行李和裝備給塞得滿滿的。

在太空中，太陽光照射到的地方，溫度可高達 130℃，而照不到的地方則可能只有 -170℃。此外還必須小心據說比地表強 10 倍的紫外線和宇宙輻射。登陸月球最困難的部分，或許就是打造讓太空人可以健康又安全生活的空間。

啊～

好悠閒！

水、食物

水和食物被收藏在指揮艙的牆面中。

帶一點零食上去吧！

維生系統背包

維生系統可以調整太空衣中的氣壓，也可以傳送氧氣給太空人，並排出二氧化碳。這個系統還具有冷卻功能，這樣太空衣內部就不會因為體溫導致溫度過高。

太空衣

在指揮艙裡，太空人會穿比較輕便的工作服，方便移動和操作器具。但是在發射、對接、著陸以及返回地球時，為了及時處理突發事故和保護自己，太空人會換上太空衣。要是沒有穿太空衣就進到太空中，身體的水分會往外流失，變得跟木乃伊一樣乾巴巴的。

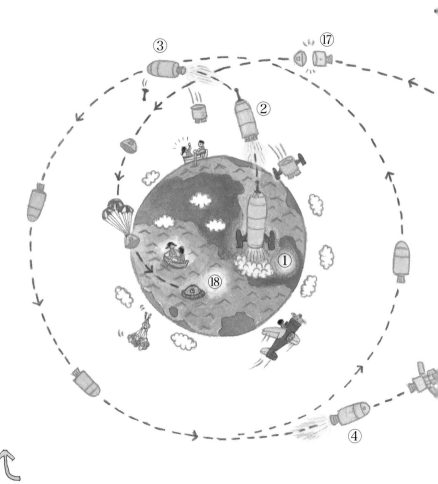

馬上就用完第1節火箭，掉進海裡。

哇！

發射後才過2分30秒。

②

發射後9分鐘，距離地表186公里高。第2節火箭也用完脫離了。

加油！

火箭要順利落海喔！

③

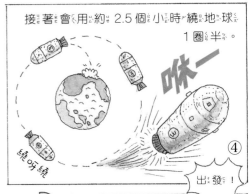

接著會用約2.5個小時繞地球1圈半。

咻一

繞呀繞

出發！

④

太空船前端先與第3節火箭分離……

打開

飛出

打開

⑤

再轉向連接火箭上的登月小艇。

轉

回頭。

接起來！

⑥

發射後4小時，第3節火箭也脫離。

轟！

⑦

好了！

⑧

從地球到月球的路徑

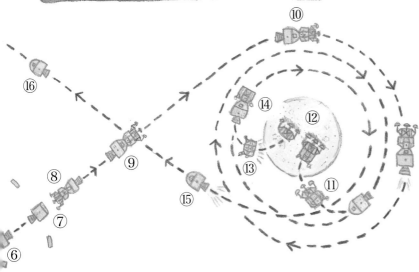

目前為止總共有12位太空人運用火箭登陸月球。

空船接近月球，就會繞著月…轉。

⑩

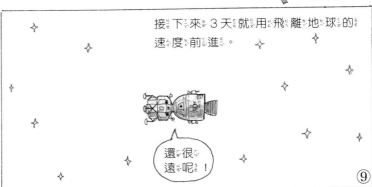

接下來3天就用飛離地球的速度前進。

還很遠呢！

⑨

想要從地球前往月球，必須達成３項非常重要的條件。

看我的！

轟隆！

1. 擺脫重力，飛離地球

但是垂直移動非常困難！

在地球表面水平移動就很容易。

一心彎曲啊

就這樣緩慢的朝月球前進。

要小心搬動啊！

地球的造景球

2. 在條件嚴苛的太空中保護好自己

如果能像這樣的話，上太空也不是很困難嘛！

3. 在太空中也能前進的動力

到現在為止，符合這3項條件的
交通工具只有火箭。

只要能符合條件，
不管用什麼方法上月球都可以，
其實不一定要靠火箭才行。

也有人想用這樣的方法登陸月球：

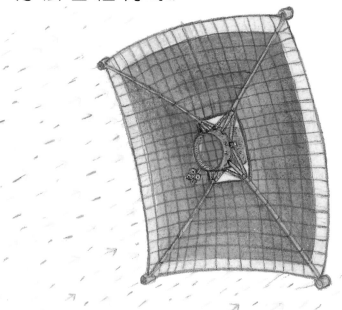

光帆船

光帆船通常以太陽光為動力，依靠微弱的力量前進。雖然它只能緩慢的前進，但是不需要燃料也不需要氧氣，非常節省能源！光帆船特別適合在幾乎沒有空氣的太空中，花費長長的時間往遙遠的地方前進。

因為光帆船沒有足以脫離地球的動力，光憑它自己是沒辦法上月球的。所以也許可以先用別的方法從地球出發到太空，然後再利用光帆船悠閒的朝月球前進。悠悠哉哉的月球之旅感覺也不錯呢！

飛機＋火箭

有空氣的地方適合搭乘飛機；沒有空氣的地方適合搭乘火箭。所以我們可以先搭飛機到極限高度後，再利用火箭前往月球。

目前科學家已經成功用這項方法送小型火箭上太空，但是還無法將載人的大型火箭送上太空。

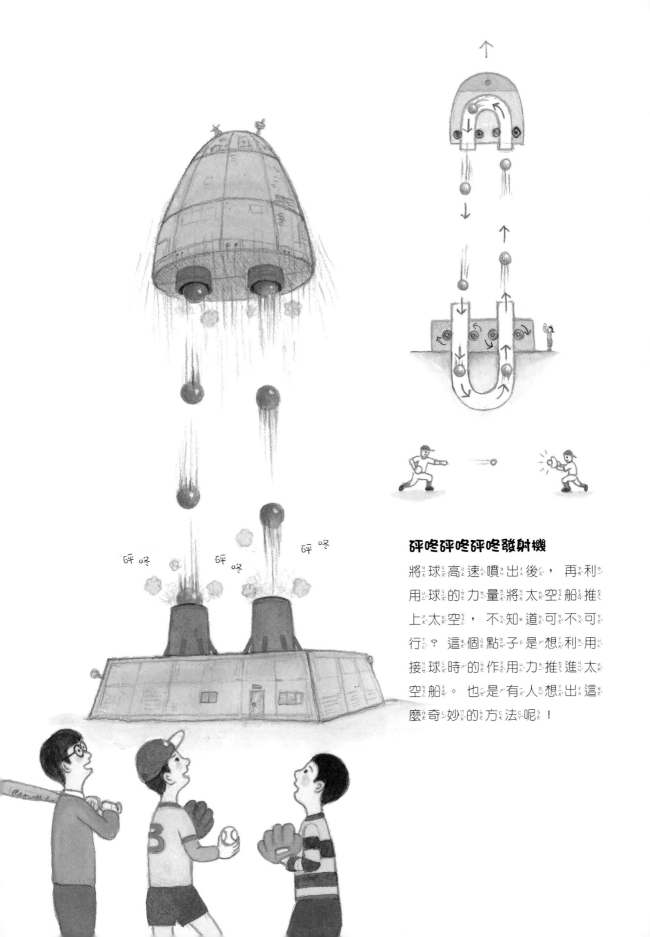

砰咚 砰咚 砰咚

砰咚砰咚砰咚發射機

將球高速噴出後，再利用球的力量將太空船推上太空，不知道可不可行？這個點子是想利用接球時的作用力推進太空船。也是有人想出這麼奇妙的方法呢！

瞬間移動

瞬間移動是可以在一瞬
間移動到其他地方、彷
彿魔法一般的移動方法。
如果成真的話一定非常
便利！

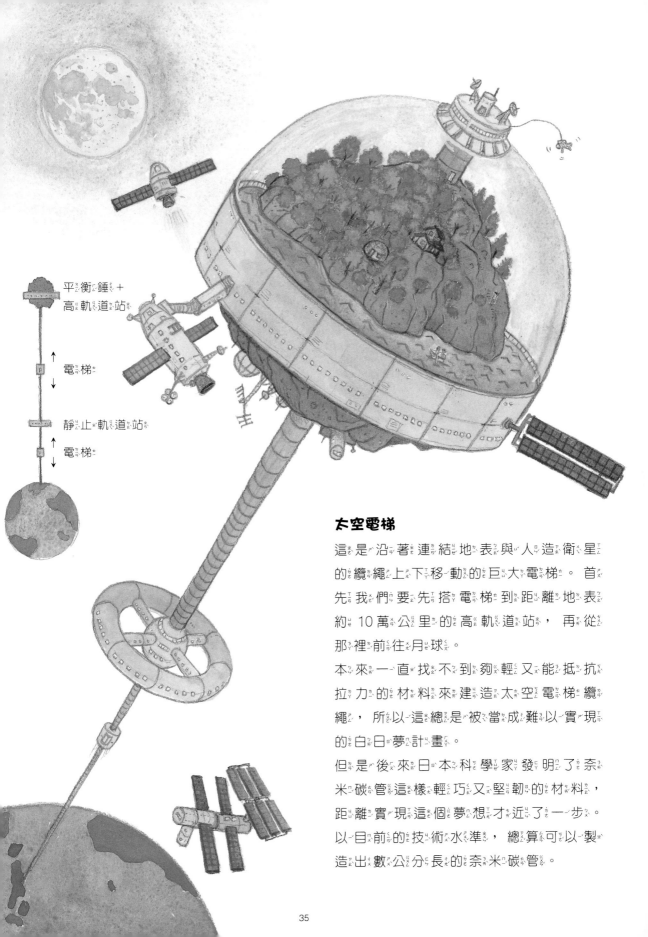

平衡錘＋
高軌道站

↑
電梯
↓

靜止軌道站
↑
電梯
↓

太空電梯

這是沿著連結地表與人造衛星的纜繩上下移動的巨大電梯。 首先我們要先搭電梯到距離地表約 10 萬公里的高軌道站， 再從那裡前往月球。

本來一直找不到夠輕又能抵抗拉力的材料來建造太空電梯纜繩， 所以這總是被當成難以實現的白日夢計畫。

但是後來日本科學家發明了奈米碳管這樣輕巧又堅韌的材料，距離實現這個夢想才近了一步。以目前的技術水準， 總算可以製造出數公分長的奈米碳管。

巨大的平衡型太空船

如果從太空船伸出兩隻 1 萬公里長的手臂會怎麼樣？你看，真是不可思議！

兩邊最尾端的棒狀平衡器以各自的手臂為軸心，像鐘擺一樣擺動，太空船就會開始前進。接著將手臂縮回去，並將棒狀平衡器收納起來，這樣就可以一口氣往月球高速前進。

這種構想中的太空船雖然巨大，但不需要燃料就能前進是它的優點。

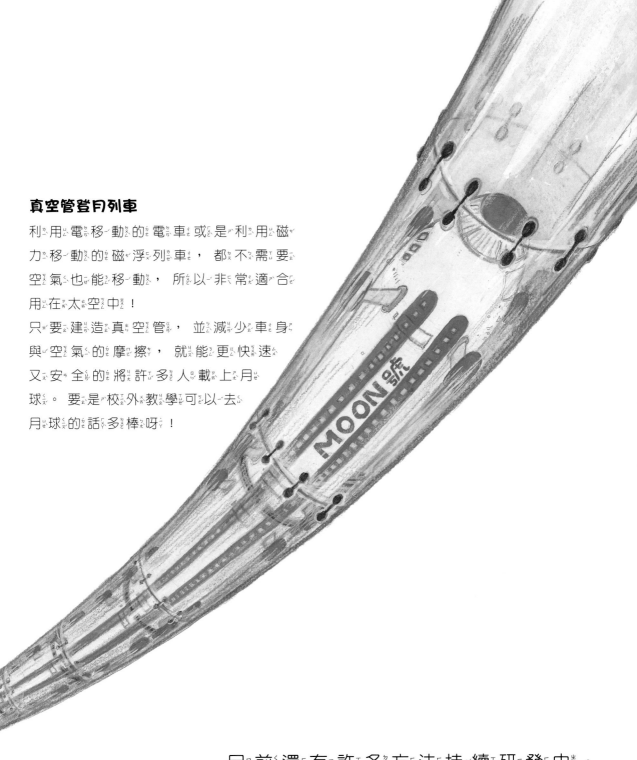

真空管登月列車

利用電移動的電車或是利用磁
力移動的磁浮列車，都不需要
空氣也能移動，所以非常適合
用在太空中！

只要建造真空管，並減少車身
與空氣的摩擦，就能更快速
又安全的將許多人載上月
球。要是校外教學可以去
月球的話多棒呀！

目前還有許多方法持續研發中。

那你呢？
你會用什麼方法登上月球？

不思議日報

抵達那顆月球！

文／松岡徹

每到冬天傍晚，從學校回家的時間若是晚了點，就能看見浮上夜空的月亮。只要伸出手彷彿就能觸碰到的月亮，在大家的口中卻是很遠很遠的存在，對此我一直感到相當不可思議。

我還是小學生時住在愛知縣的岡崎市，那是一個有許多工廠的城鎮。放學回家的路上，我最喜歡望著街景天馬行空的想像：那根煙囪其實是火箭的發射裝置、那一戶人家有座可以通向地球另一端的祕密階梯……在我剛滿一歲的1969年，人類已經利用火箭登上了月球，但我總覺得除了火箭以外，還有別的方法可以上月球，在腦海裡任由想像力奔馳。後來我第一次有機會畫繪本，便想將小時候想像的各種登月方式拿來當做題材。我蒐集許多資料並請教專家，學到不少有趣的知識。其中有很多人跟童年的我一樣，很認真的

思考除了火箭以外有沒有其他方法可以登月，這一點讓我非常開心。之後我問那些人：「如今想去月球，應該怎麼做？」他們給我的答案是：「其實，還是需要打造類似阿波羅太空船跟農神5號火箭的登月交通工具。」目前的科技雖然已經比當年進步很多，但還是有很多關鍵技術是不變的。那時候的人們傾注了絕大的熱情，將技術推展到極限，真是令我驚訝。

在五十年前，不僅是小孩子，就連大人也都很認真的描繪在宇宙生活的夢想。相較於當年，現在的生活方便多了，我們大人卻變得不太去談論有關美好未來的話題。雖然當今有許多讓人擔憂的情勢，但要打造出真正和平且美好未來的第一步，就是去盡情想像許許多多開心的事，我到現在都是如此相信的。

松岡徹

1968年生於日本愛知縣岡崎市，名古屋藝術大學美術系畢業，在學期間專攻版畫。曾留學於巴賽隆納大學研究所。在國內外持續發表藝術作品，形式包含繪畫、版畫、攝影、雕刻等。現為名古屋藝術大學美術系教授。這本書是作者的第一本繪本。

導讀

一起上月球吧！

文／胡佳伶
（臺北市立天文科學教育館解說員）

對居住在城市裡的我們來說，月亮無疑是天空中最迷人的天體。太陽太刺眼了，不容易進行觀察；星星又太暗了，總是隱沒在嚴重的光害裡。

而不管住在哪裡，從古至今，我們總是對月球有無限的想像，各式各樣的神話從嫦娥奔月、吳剛伐桂，到搗藥的玉兔，都為月球增添許多逸趣。

如果孩子知道竟然早在五十年前，就曾經有人類登上過月球，一定會感到很驚訝吧！「我也想去月球！」當孩子這樣說的時候，這本繪本就是適合親子共讀的最好答案。那麼遠的地方該怎麼去？作者從孩子可能會有的想像出發──划船、爬山、造塔，甚至飛上天空！

但是，月球實在是太遠、太遠了！

有多遠呢？嗯，標準答案是──38萬5000公里。不過，這個答案有點無趣。下次跟孩子這麼說吧：「要3億個小學生頭和腳相連才能夠到達！」這麼遠的距離，如果是用我們所熟悉的交通方式，得要花多久的時間？可不要給孩子「要很久、很久」這麼敷衍的答案喔！作者認真的算了出來，讓我們更有感的體會「3億個小學生頭腳相連」的距離。

但是，要上月球可不是以時間換取空間這麼簡單！得要夠快，才能擺脫地球的重力。這就是為什麼我們得要靠著火箭和太空船，才能登上月球。作者詳細又生動的畫出月球之旅的細節，讓我們好像也跟著太空人一起來了一趟月球之旅！

「只有這個方法可以上月球嗎？」當然不是嘍！這本繪本最精采的部分，就是滿足了孩子的好奇心和想像力，討論了未來前往月球的各種可能方法。或許再過幾十年後，未來的小孩就會以截然不同的方式，到月球校外教學！

有機會的話，不妨帶著孩子仔細看看這個未來可能踏足的太空天體。觀察一下，月亮的形狀是不是每天都不一樣？月亮發光的部分，是不是一直朝著太陽？白天也能看到月亮嗎？月亮是不是一直用同一面面對著我們呢？

光是用肉眼，就能看見月亮表面像隻兔子的深色區域。在那像是兔子臉部的地方，就是五十年前人類首度登陸月球的地點！如果用望遠鏡觀察，還可以清楚看到月球表面布滿了被太空石頭撞出來的大小坑洞！

在探究月球種種奧祕的過程中，最美好的事，當然還是大人陪伴著孩子、目光共同望向同一個遠方的時刻，和他們聊聊充滿各種可能性的未來。

如果我們所在的世界有這麼多要擔心的事，不妨把月球當做探索宇宙的起點，一起做個美好的夢吧！

在製作這本書的時候，多虧了以下各位的幫助。

緒川修治先生（PD AeroSpace 航太飛行器開發公司　太空火箭開發工程師）

野田篤司先生（JAXA日本宇宙航空研究開發機構）

半田利弘先生（鹿兒島大學 理工學院物理系教授）

日本產業技術綜合研究所 奈米碳管實用研究中心